本书系安徽省教育科学研究项目重点课题
“幼儿园科学实验资源库建设的行动研究”
（课题编号：JKZ19005）系列研究成果之一。

小实验
XIAO SHI YAN

主编：余 婕 徐晓蓉

大发现
DA FA XIAN

我身边的科学

安徽师范大学出版社
ANHUI NORMAL UNIVERSITY PRESS
·芜湖·

图书在版编目(CIP)数据

小实验 大发现:我身边的科学 / 余捷,徐晓蓉主编. —芜湖:安徽师范大学出版社,2021.2(2021.12 重印)

ISBN 978-7-5676-4138-9

Ⅰ.①小… Ⅱ.①余… ②徐… Ⅲ.①科学实验—儿童读物 Ⅳ.①N33-49

中国版本图书馆CIP数据核字(2019)第105013号

XIAO SHIYAN DA FAXIAN WO SHENBIAN DE KEXUE

小实验 大发现——我身边的科学

余 捷 徐晓蓉◎主编

策划编辑:王一澜 舒贵波 盛 夏　　责任编辑:舒贵波

责任校对:盛 夏　　责任印制:桑国磊

手绘图画:梁 飞 柳 琼　　摄影指导:陆青霖

图片摄影:赵 玮 吴 超 丁 慧 李 晗

装帧设计:周萍莉 梁 飞 汪红诚 周 莹 姚 远

出版发行:安徽师范大学出版社

芜湖市北京东路1号安徽师范大学赭山校区

网 址:http://www.ahnupress.com

发 行 部:0553-3883578 5910327 5910310(传真)

印 刷:安徽联众印刷有限公司

版 次:2021年2月第1版

印 次:2021年12月第2次印刷

规 格:787 mm × 1092 mm 1/16

印 张:6

字 数:100千字

书 号:ISBN 978-7-5676-4138-9

定 价:68.00元

编　委　会

前言

在科学技术高速发展的当今世界，人工智能、移动支付、载人火箭等新技术正不断地改变着我们的工作和生活。

近年来，科学启蒙教育的探索与研究已逐渐成为早期教育关注的热点。天文学家卡尔·萨根说：“每个人在他们幼年的时候都是科学家，因为每个孩子都和科学家一样，对自然界的奇观满怀好奇和敬畏。”在儿童早期种下对科学好奇、敬畏的种子，可为其今后发展奠定良好的基础。通过探究寻找问题的答案对孩子们来说是一件美妙的事情，在观察、摆弄实验材料的过程中，自然习得的科学的学习方法会让儿童终身受益。因此，如何培养儿童对科学的兴趣，有效提升儿童的科学素养，是新时期学前教育工作者的重要任务。

安徽师范大学幼教集团十一所幼儿园从2017年起开展“科学小达人”活动，旨在通过亲子科学小实验，实施科学启蒙教育，持续提升儿童科学兴趣和素养。活动中，我们注重“玩科学”的过程而不仅仅是学习科学知识，倡导成人欣赏、倾听儿童，了解他们已有的经验、想法、需要、思维的方式，以及他们是如何建构新知识的过程。

两千多名幼儿参与其中，孩子和爸爸妈妈们每个月都会共同完成1个科学小实验，并用手机记录下来，上传到班级的科学实验资源库。通过分享，学习资源成倍增长，这种方式深受孩子和家长们的欢迎。孩子们在实验中尽情探究，好奇心得到极大的满足，对科学活动从陌生到熟悉，我们惊喜地看到了儿童的变化以及活动的价值。本书中的小实验就是从12 000个科学实验微视频中，通过投票选出的44个孩子们最喜爱的科学小实验。

这是一本适合3—6岁儿童自主阅读与操作的科普类图书，相比同类图书，具有以下鲜明的特点。

1.操作，种下经验的种子

我们鼓励、支持儿童自己动手，完成他们感兴趣的、与他们生活有关的科学小实验。儿童在操作摆弄中，通过对科学现象的观察、思考与体验，获取了一些直观的经验，并储存于记忆中，在面对新经验时，能通过原有经验进行构架，从而发展出更高级的经验。

2. 表达，种下认知的种子

我们鼓励儿童用自己的语言，说出实验的材料，预测实验的结果。必要时也教儿童一些新的科学词汇，以发展其语言及初步的科学技能。在这个过程中，儿童不需要弄懂这些概念，但这些经验的储存，能有效促进他们今后科学认知方面的发展。

3. 观察，种下发现的种子

科学并不局限于实验室、专业的实验材料，同样存在于真实的生活中。对儿童来说，日常生活现象就是最宝贵的科学实验资源，以儿童熟悉的家庭环境作为科学实验的场所，实验材料选择安全、方便的生活用品，就地取材，生活中神奇的实验现象令儿童惊喜着迷。本书中每个实验均标注了适宜操作的年龄，以供读者参考。

4. 陪伴，种下温暖的种子

父母通过亲子互动参与到实验中，提高亲子陪伴质量，营造快乐的亲子学习氛围。在早期科学经验建构的过程中，成人要接纳、支持和鼓励孩子进行多感官探究。通过提问帮助儿童厘清思路，儿童在不断试错中探究，大胆表达自己的想法与感受，在成人的帮助下尝试验证。陪伴3—4岁儿童实验时，要鼓励他们大胆参与操作，尝试用剪贴照片的方式进行记录；4—5岁的儿童可以尝试用剪贴、绘画或其他符号做简单记录；5—6岁儿童可以尝试用拍照、制作标本、剪贴、绘画、图表或其他符号记录自己的观察与发现；鼓励、引导儿童参与收拾和整理的工作。除了动手做实验，亲子阅读科普类书籍、参观科技馆等也是激发兴趣、开阔眼界的有效途径。

为方便广大家长和老师，通过扫描书中的二维码，即可看到孩子们操作的科学实验微视频，了解整个实验步骤。感谢参与实验拍摄、制作的孩子、家长及老师们。

欢迎你一同加入奇妙的科学实验探索之旅，让我们马上开始吧。

2021年2月

目　录

鸡蛋站起来了 2
桌子变干净啦 4
会“跳舞”的葡萄干 6
可乐喷泉 8
水果沉浮 10
会“跳舞”的水流 12
会喝水的杯子 14
扎不破的塑料袋 16
火山杯 18
解救蛋黄 20
磁化现象 22
潜水艇 24
会跳舞的芝麻 26
有趣的冰块 28
神奇的紫甘蓝 30
少了吗 32
小动物的避水衣 34
水中花 36
彩虹雨 38
茶杯旧貌换新颜 40
气球变大了 42
不再哭泣的瓶子妹妹 44
互不理睬的气球 46
倾斜的易拉罐 48
碘酒与维生素C的奇妙相遇 50
飘在空中的乒乓球 52
会飞的塑料袋 54
跳水大赛 56
手动吸尘器 58
镜子蛋糕 60
有趣的沉浮 62
蔬菜大比武 64
我是小小消防员 66
“英雄”归来 68
硬币稳站纸币边缘 70
杯子大力士 72
红酒变多了 74
大力纸桥 76
针宝漂流记 78
小纸条爱跳舞 80
隔空控物 82
秘密情报 84
制作小喷泉 86
磁铁风扇 88

鸡蛋站起来了

指导老师：李元元

适宜年龄：3—4岁　推荐实验场所：厨房

小朋友，你可以让鸡蛋直直地站起来吗？快来试一试吧。

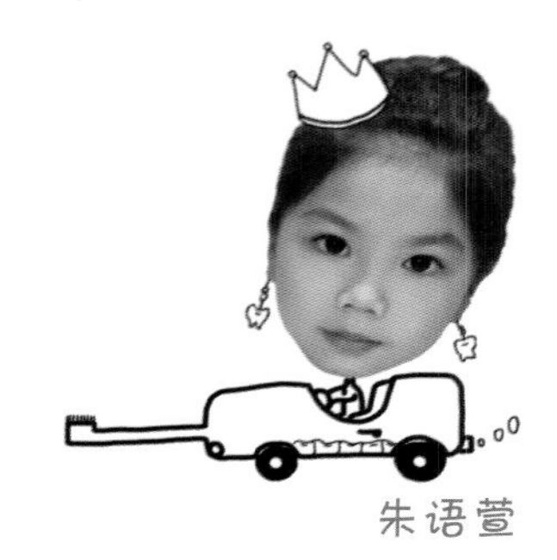
朱语萱

我需要

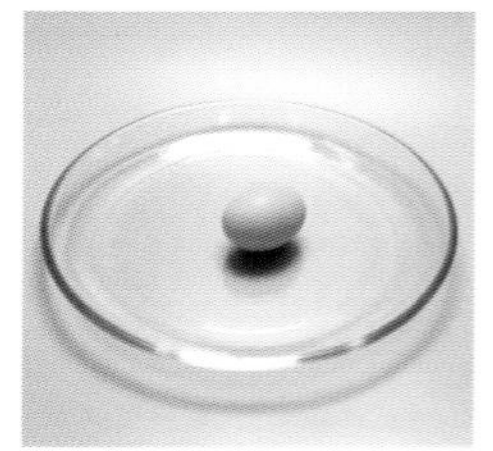
鸡蛋、盘子

盐

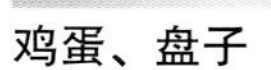

我来做

1. 鸡蛋放盘子里，站不住。

2. 倒盐。

3. 把鸡蛋放在盐上。

我发现

将鸡蛋竖起来放在盐上面，鸡蛋站起来了，放手也不会倒。

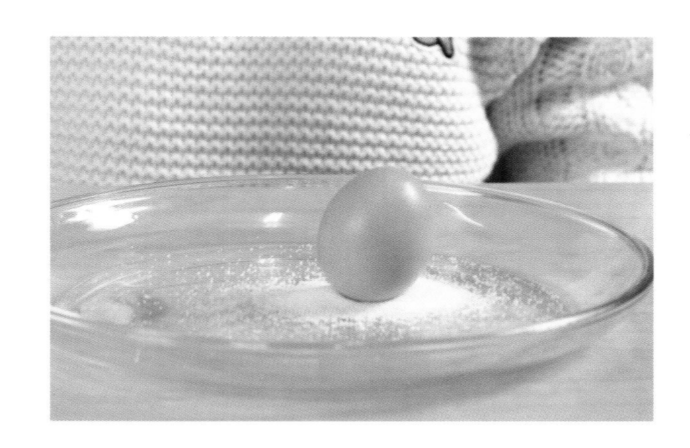

我知道

盐粒能增加鸡蛋与盘子间的摩擦力，同时盐粒像支架一样支撑起鸡蛋，所以鸡蛋站起来了。

我思考

若将盐换成黄豆，鸡蛋还会站起来吗?

桌子变干净啦

指导老师：韩艳

适宜年龄：3—4岁　推荐实验场所：教室或者是家里有污迹的桌面

周欣辰

桌子是小朋友们每天生活学习的好伙伴，大家在用记号笔画画的时候，会在桌上留下一些黑色的污迹，非常难看。小朋友，你有办法去掉黑色的污迹吗？

我需要

有记号笔污迹的桌子

抹布

自来水、花露水

我来做

1. 用干抹布擦。

2. 喷自来水后擦。

3. 喷花露水。

4. 等待一分钟左右再擦。

我发现

用干抹布擦、喷自来水后擦都不能将桌面上的记号笔污迹擦除，喷花露水后可以擦除。

我知道

记号笔的污迹难溶于水，但易溶于有机溶剂（酒精、四氯化碳等）。花露水里含有酒精，在喷洒的过程中需要将有记号笔污迹的地方完全覆盖，才能擦除；用量太少，不易去除。另外，花露水存放需远离火源。

我思考

花露水可以去除桌面上留下来的水彩笔印吗？

会“跳舞”的葡萄干

指导老师：张润川

适宜年龄：3—4岁　推荐实验场所：客厅

葡萄干是个优秀的潜水运动员。咦！它在汽水里干什么呢？

葛宸绪

我需要

玻璃杯

汽水

葡萄干

我来做

1. 把汽水倒进玻璃杯。

2. 把葡萄干放进玻璃杯中。

我发现

把葡萄干放进玻璃杯后，葡萄干会先沉下去，再浮上来，过一会儿又沉下去，上上下下，就像一艘艘小潜水艇。

我知道

汽水里的二氧化碳会形成许多小气泡，葡萄干被气泡包裹，就像穿了救生圈，浮力作用让葡萄干浮出了水面。接着，葡萄干与空气接触，小气泡破裂，浮力小于重力，葡萄干就又沉入杯底。

我思考

如果把石头放进玻璃杯里，猜猜它会“跳舞”吗?

可乐喷泉

指导老师：石瑾

适宜年龄：3—4岁　推荐实验场所：客厅

糖果弟弟钻进可乐瓶里，嗞……嗞……什么声音？快看！会发生什么神奇的事情呢？小朋友们快来试试吧！

王彦钦

我需要

可乐

小盆

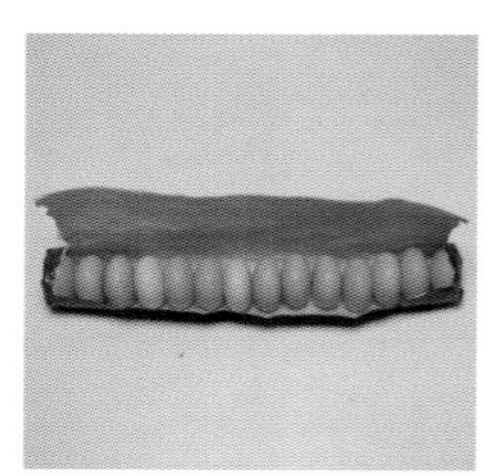

曼妥思糖果

我来做

1.将可乐瓶放入小盆里，打开瓶盖。

2.将曼妥思糖果放入可乐瓶。

我发现

曼妥思糖果放入可乐里，产生大量气体，可乐快速溢出就像喷泉一样。

我知道

曼妥思糖果里有一种叫阿拉伯胶的成分，遇到可乐会以惊人的速度促使可乐中的二氧化碳释放，泡沫快速溢出形成“喷泉”。

我思考

不小心掉到可乐瓶里的绿豆宝宝，可以用这种方法成功逃离吗?

水果沉浮

指导老师：陈隽

适宜年龄：3—4岁　推荐实验场所：厨房或浴室

剥了皮的橘子和没剥皮的橘子放进水里会发生什么呢？

高沫宸

我需要

两个橘子

装水的透明容器

我来做

1.在容器中倒入适量的水。

2.将没剥皮的橘子放入水中。

3.将剥皮的橘子放入水中。

我发现

有皮的橘子浮在水面，而剥了皮的橘子沉入水底。

我知道

橘子皮松软，内有空气，密度比水小，所以会浮在水面上。剥了皮的橘子，橘瓣内有很多果汁，密度比水大一些，所以会沉入水底。

我思考

是不是所有带皮的水果都是这样呢？我们可以试一试哦。

会跳舞的水流

指导老师：詹洁

适宜年龄：3—4岁　推荐实验场所：厨房

厨房自来水管里的水也会跳舞，真是不敢相信！走，我们一起去瞧瞧吧！

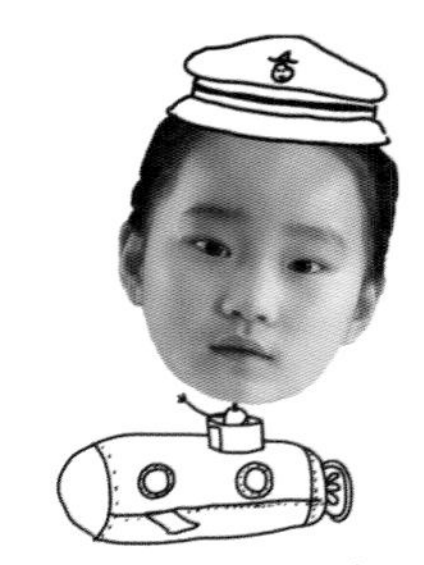

林君怡

我需要

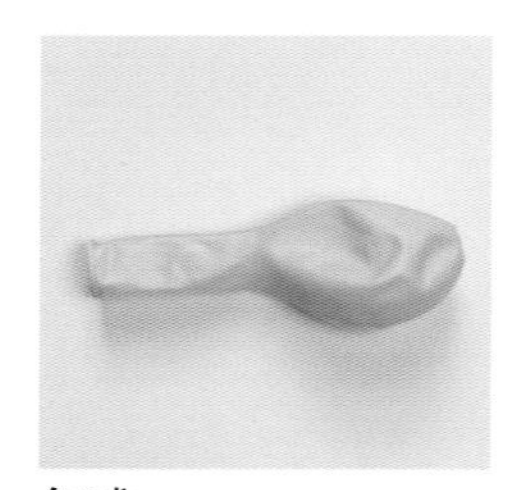

气球

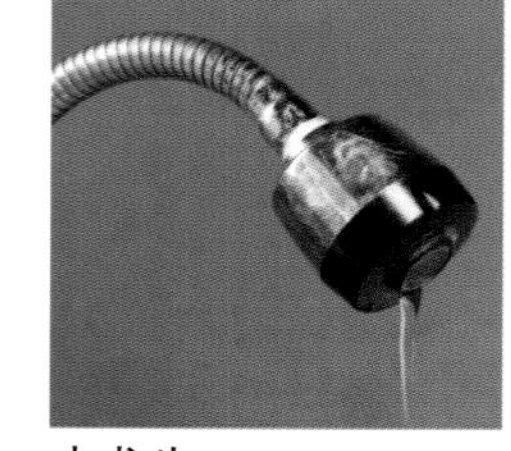

水龙头

我来做

1.给气球吹气。

2.气球在头发上摩擦。

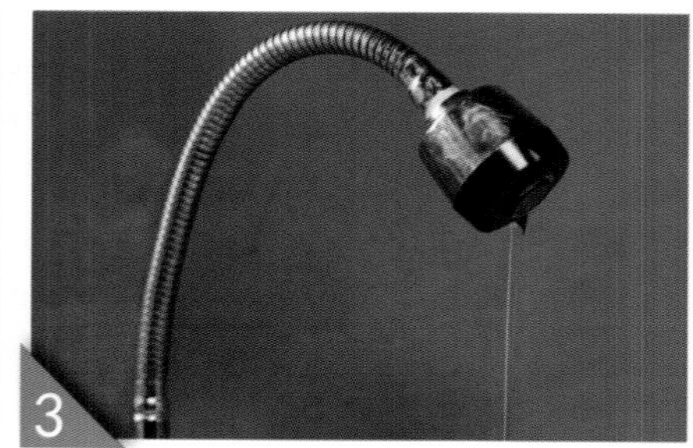

3.打开水龙头，将水流调至线状。

我发现

原本垂直向下的水流，当经过摩擦的气球靠近时，水流弯曲了。气球远离，水流又恢复垂直向下。

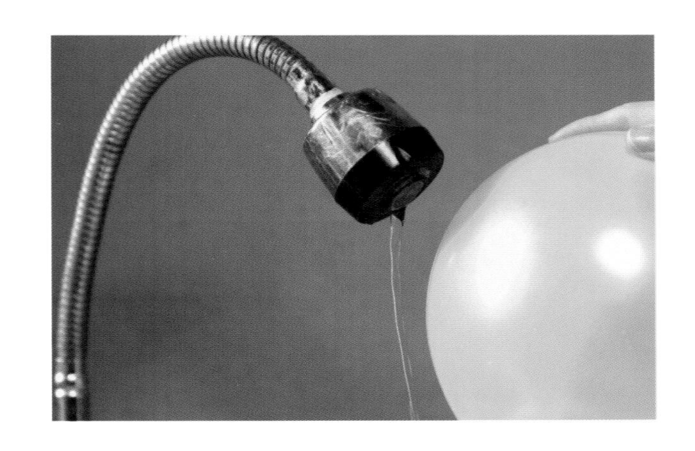

我知道

气球与头发摩擦后产生静电，静电让水流方向发生改变。

我思考

请小朋友仔细观察，妈妈用塑料梳子分别梳湿头发和干头发，会产生什么现象呢?

会喝水的杯子

指导老师：潘娟

适宜年龄：3—4岁　推荐实验场所：客厅　（此实验需要在成人的陪同下进行）

“好渴啊，好渴啊……”听，是谁想喝水呢？啊！是一只杯子！小朋友们，让我们一起看看，神奇的杯子是怎么喝水的呢？

杨赫尔轩

我需要

一杯水

透明玻璃杯

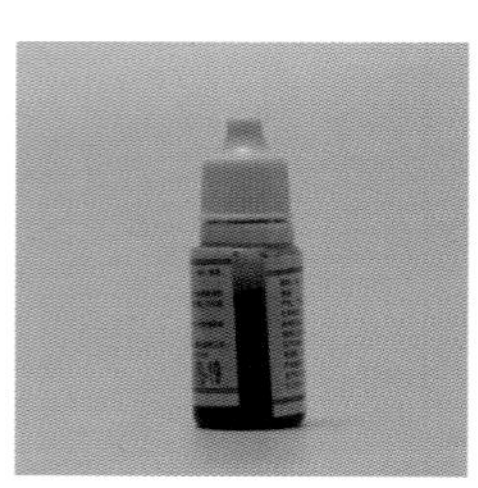

颜料

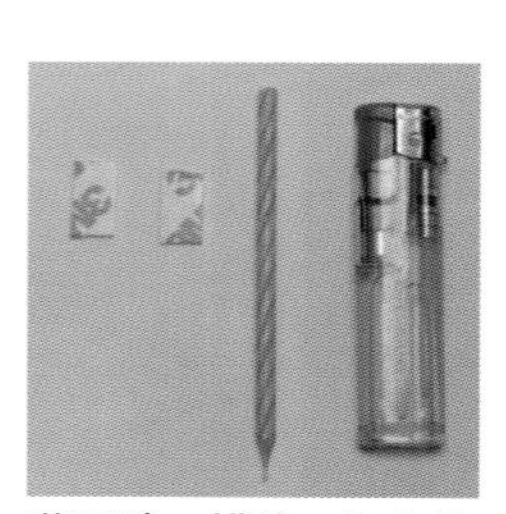

蓝丁胶、蜡烛、打火机

盘子

我来做

1. 用蓝丁胶将蜡烛固定在盘子中心。

2. 把彩色水倒进盘子里。（将颜料倒入水中制成彩色水）

3.请爸爸妈妈帮忙点燃蜡烛。

4.把玻璃杯轻轻地罩在蜡烛上。

我发现

原来的空杯子正在慢慢地“喝水”，杯子里的水越来越多。

我知道

当蜡烛燃烧后杯子里的氧气越来越少，杯子里的压强变小，所以杯子外面的空气把水压进了杯子里。

我思考

钢笔吸水、滴管取液体、用注射器吸药水，你们知道是什么原理吗？

扎不破的塑料袋

指导老师：吴宗化　苏兰华

适宜年龄：3—4岁　推荐实验场所：浴室、阳台　（此实验需要在成人的陪同下进行）

装水的塑料袋被牙签刺破后会发生什么神奇的事情呢？让我们一起来试一试吧！

吴楚钧

我需要

水

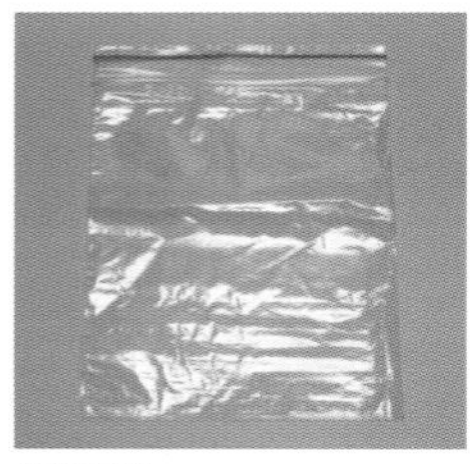

塑料袋

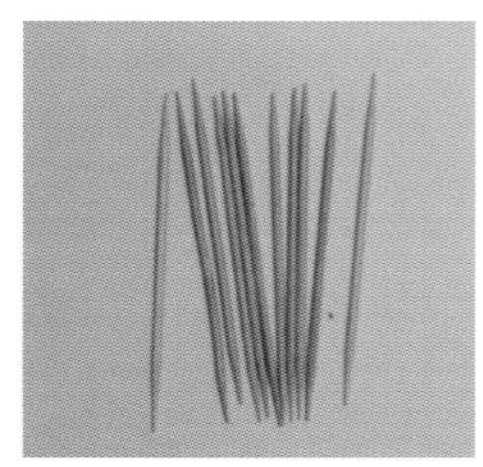

牙签

我来做

1.把水装进塑料袋中，口封紧。

2.把牙签一支一支戳进塑料袋，只扎进一半即可。

我发现

塑料袋虽然扎了很多洞，但只要牙签不拔出来，水是不会流出来的。

我知道

牙签的表面较光滑，而塑料袋是有弹性的，当牙签刺穿塑料袋之后，塑料袋能够紧紧地包裹住牙签的边缘，所以塑料袋仍然能够滴水不漏！

我思考

小朋友，其他的塑料袋可以吗？你可以动手试一试哦。

火山杯

指导老师：梁虹

适宜年龄：3—4岁　推荐实验场所：餐厅

陶骞然

小朋友们，你们见过火山爆发吗？想不想在家里看一看火山爆发的样子呢？现在跟我一起动手做一做吧！

我需要

油

玻璃杯

墨水

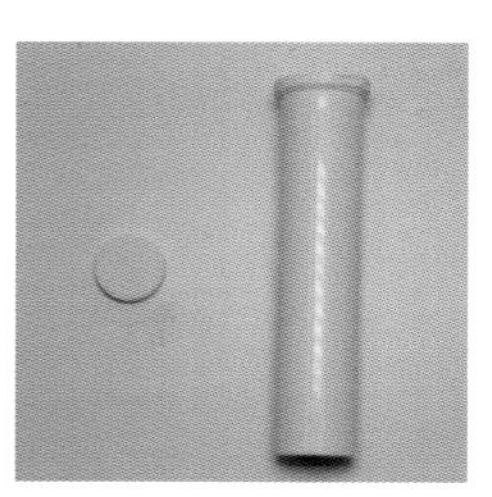

泡腾片

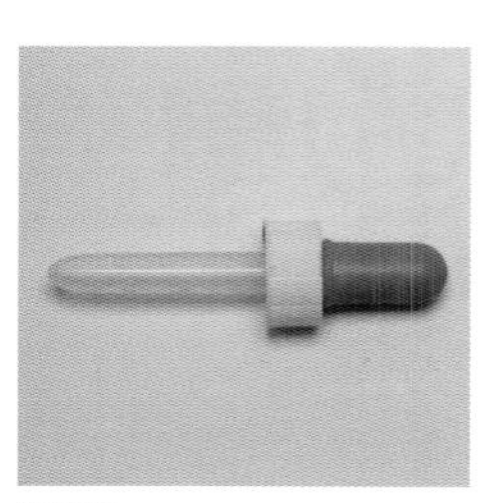

滴管

我来做

1.往装水的杯里倒半杯油。

2.在杯中滴入2—3滴墨水。

3.取两片泡腾片放入杯子里。

我发现

油在上面，水在下面，泡腾片放入后，杯子里出现很多气泡，气泡涌动像火山爆发的样子。

我知道

油比水轻，当油水混在一起，油会浮在水的上方；泡腾片中的有机酸和碱式碳酸（氢）盐遇到水会迅速发生反应，产生大量的气泡，带动墨水翻腾起来，像火山爆发一样！

我思考

小朋友们，我们把泡腾片分别放到矿泉水和食醋中会有什么不同的现象呢？

解救蛋黄

指导老师：闫丽丽

适宜年龄：3—4岁　推荐实验场所：客厅

“好想出去玩呀，快救我出去！”有什么好办法可以把蛋黄与蛋清分开呢？小朋友们快开动脑筋，我们一起帮助蛋黄吧！

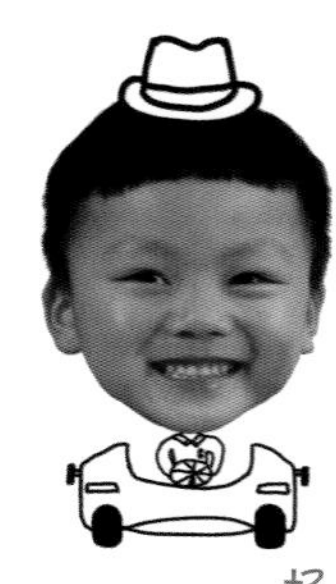
杨宇凡

我需要

空塑料瓶

新鲜鸡蛋

两个餐盘

我来做

1.将鸡蛋敲开，将蛋清蛋黄倒入餐盘。

2.瓶口朝下倒握塑料瓶，并按压瓶身。

3.瓶口轻轻放在蛋黄上，慢慢松手吸住蛋黄。

我发现

松手时蛋黄被吸进去了，按压瓶子时蛋黄就被挤出来了。

我知道

挤压空瓶，将瓶口放在蛋黄上，松手时瓶子里面的气压变小，蛋黄被吸进瓶子里；按压时，瓶子里面的气压增大，蛋黄被挤出。

我思考

小朋友们你们用过钢笔吗？捏捏它的肚子就能把墨水吸进去，这是为什么呢？

磁化现象

指导老师：赵艳

适宜年龄：3—4岁　推荐实验场所：客厅

你们看，回形针轻轻碰在一起竟然可以连成一串。你想试试这个神奇的魔法吗？

王天然

我需要

纸

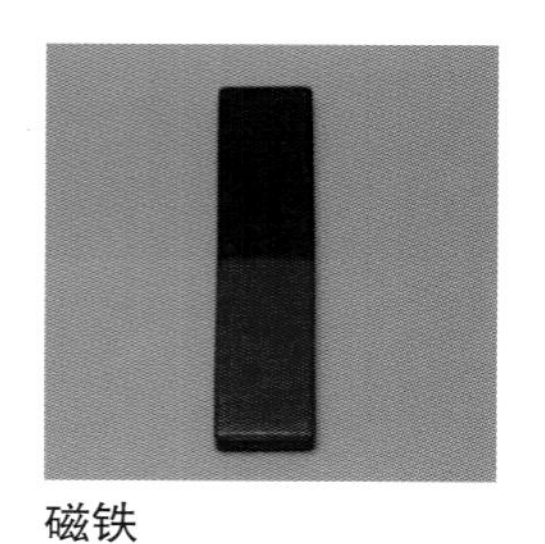

磁铁

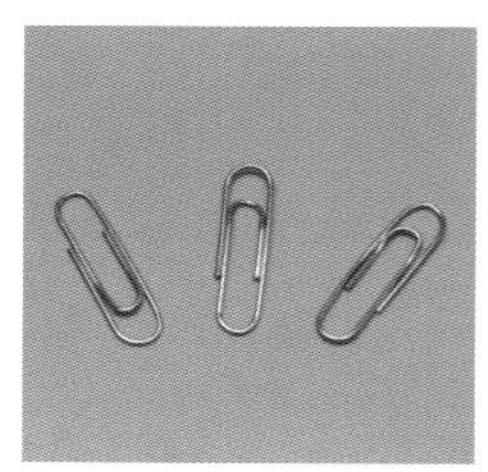

回形针

我来做

1. 回形针互相碰一碰，没有反应哦！

2. 将回形针放在磁铁上面反复摩擦。

我发现

回形针在磁铁上摩擦后，能吸在一起，连成一串。

我知道

原来不具有磁性的回形针与磁铁摩擦就能获得磁性。

我思考

除了回形针，我们还可以试试用哪些物品玩磁化游戏呢?

潜水艇

指导老师：秦文俊

适宜年龄：3—4岁　推荐实验场所：客厅

“哇，沉下去啦！沉下去啦！”“潜水艇”好厉害啊！它一会儿上，一会儿下，你想来开“潜水艇”吗？

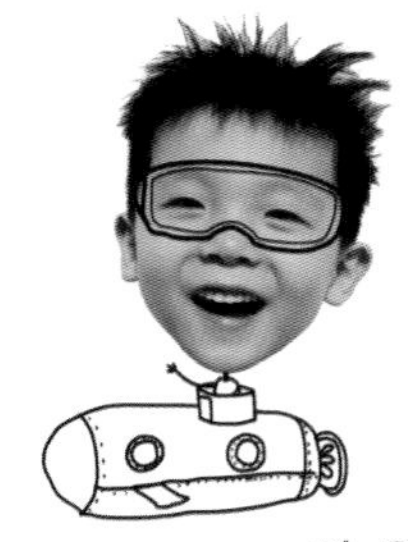

陆子艺

我需要

矿泉水瓶

盛水玻璃盆

口服液瓶

我来做

1.把口服液瓶装入约三分之一的清水。

2.把矿泉水瓶装入约三分之二的清水，把口服液瓶瓶口朝下放入矿泉水瓶里。

3.盖上矿泉水瓶盖，双手用力捏矿泉水瓶瓶身。

我发现

当双手用力捏矿泉水瓶瓶身时“潜水艇”慢慢下沉；双手松开，“潜水艇”上升。

我知道

当双手捏矿泉水瓶瓶身时，矿泉水瓶内气压增大，就把“潜水艇”压入水底了。当松开双手时，压力减小，所以“潜水艇”浮到水面上。

我思考

解放军叔叔驾驶潜水艇从海底浮出水面，大家知道是怎么做到的吗?

会跳舞的芝麻

指导老师：宋丹丹

适宜年龄：3—4岁　推荐实验场所：客厅

小小芝麻也能跳舞，不信你们看芝麻舞蹈团的表演开始啦，大家请欣赏！

周一尘

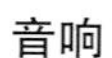

我需要

音响

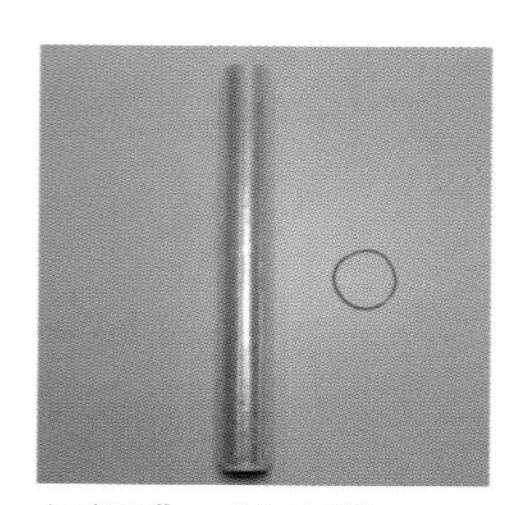

保鲜膜、橡皮筋

芝麻

我来做

1. 把保鲜膜蒙在音响的喇叭上。

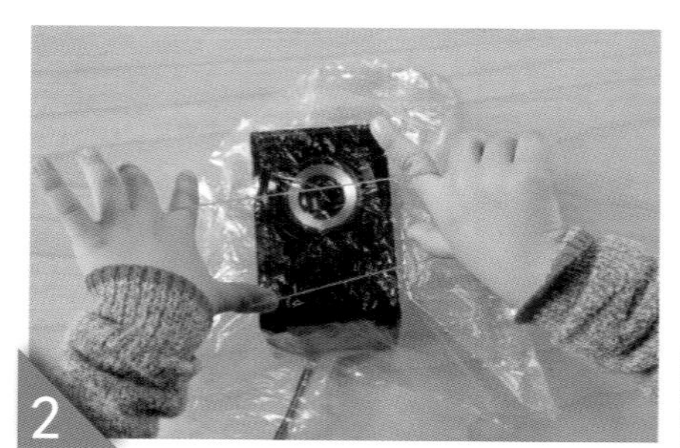

2. 用橡皮筋固定。

3. 倒芝麻。

我发现

音响打开后，芝麻会随着音乐有节奏地在保鲜膜上跳动。

我知道

音响的喇叭震动，在空气中产生声波，声波撞击保鲜膜，保鲜膜震动起来，“芝麻小精灵们”自然就会随着音乐快乐舞蹈啦！

我思考

当我们站在山上大声呼喊，会听到回声，小朋友们你们知道这是为什么吗？

有趣的冰块

指导老师：叶普红

适宜年龄：4—5岁　推荐实验场所：客厅

一根棉线能将冰块提起，怎么做到的？快来看看吧！

陶思白

我需要

水和水杯

冰块

棉线

食盐

我来做

1.将水杯倒满水。

2.将冰块放入水中。

3. 将棉线放在冰块上，往冰块上有棉线的部分撒一点盐，等待10秒。

4. 拉棉线两端，将冰块提起。

我发现

棉线和冰块粘在一起，棉线将冰块提起来了。

我知道

盐能加速冰融化，盐被稀释后水再次结成冰，将棉线冻在冰里，这时拎起棉线就能将冰块提起来。

我思考

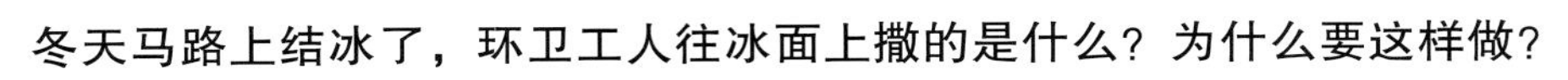

冬天马路上结冰了，环卫工人往冰面上撒的是什么？为什么要这样做？

神奇的紫甘蓝

指导老师：薛晴

适宜年龄：4—5岁　推荐实验场所：厨房

咦，这个蔬菜好漂亮呀。它叫紫甘蓝，它还有会变色的魔法哦！

邢辰斌

我需要

紫甘蓝

5只透明杯

我来做

1.首先用捣臼将紫甘蓝捣出汁，取出汁水。

2.将紫甘蓝汁分别倒入五只盛有不同物质的杯子里。

我发现

清水+紫甘蓝汁——变成紫色

盐水+紫甘蓝汁——变成紫色

白酒+紫甘蓝汁——变成红色

碱水+紫甘蓝汁——变成蓝绿色

白醋+紫甘蓝汁——变成红色

我知道

紫甘蓝中含有一种可溶于水的色素——花青素。花青素遇酸、碱都会变色。这种色素在酸性环境中会变成红色，在碱性环境中会变成蓝绿色。根据这个原理，紫甘蓝汁可以作为一种指示剂，帮助我们了解部分物质的酸碱性。

我思考

我们喝的橘子汁是碱性还是酸性呢？小朋友们可以去试一试。

少了吗

指导老师：杨红雨

适宜年龄：4—5岁　推荐实验场所：客厅

马一宁

小朋友们，看！这里有一杯米和一杯红枣。如果将它们混在一起，再装进杯子，猜猜会有什么变化呢？

我需要

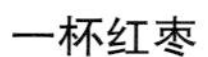

一杯红枣

一杯米

大碗、勺子

我来做

1.红枣、米倒入大碗里。

2.搅拌。

3.盛进杯子里。

我发现

混在一起的米和红枣，跟之前相比，变少了。

我知道

红枣颗粒较大，之间的空隙也大，米和红枣混在一起后，米填入了空隙中，体积变小了。

我思考

物体与物体之间是有空隙的，你会利用“空隙的秘密”来收拾一下家里的冰箱吗?

小动物的避水衣

指导老师：邰婷婷

适宜年龄：4—5岁　推荐实验场所：客厅

下雨啦！下雨啦！小动物们快来呀……快快穿上避水衣，大雨小雨都不怕！小朋友，让我们一起行动起来帮助动物朋友们穿上避水衣吧，加油！

王悦明

我需要

蜡烛

一杯水

棉棒

画纸

水彩笔

我来做

1.在两只小动物身上涂上颜色。

2.在一只小动物身上抹上蜡，另一只不抹蜡。

3. 用棉棒蘸水。

4. 用蘸了水的棉棒涂抹两只小熊。

我发现

抹了蜡的小熊身上遇水后颜色没有扩散开，没有抹蜡的小熊遇水后水彩笔的颜色散开了。

我知道

蜡烛的主要成分是石蜡，石蜡具有油性，水和油不相溶，所以抹了蜡的小熊像穿了一件雨衣，遇水后颜色不会扩散开。

我思考

高铁、飞机上的一次性纸质清洁袋里面也涂了一层石蜡，它有什么作用呢？

水中花

指导老师：胡心亭

适宜年龄：4—5岁　推荐实验场所：客厅

水塘里的莲花开得真美呀！小朋友们做的纸花也能开放吗？让我们一起来试一试吧。

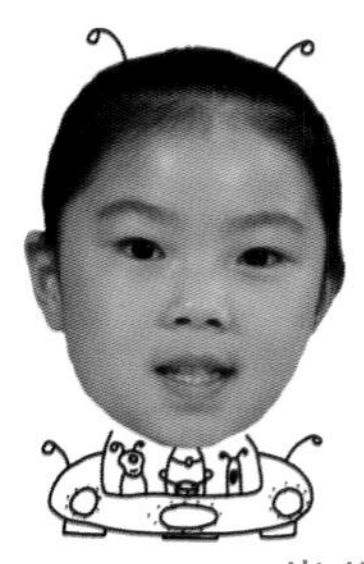

崔煜麟

我需要

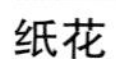

纸花

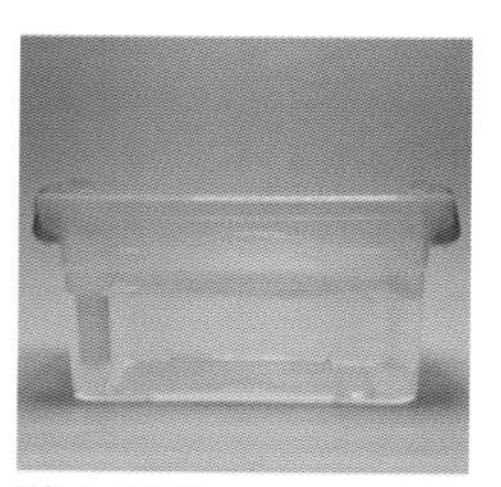

装水容器

我来做

1.将花瓣折叠成花苞。

2.将纸花放在水面上。

3.花瓣慢慢张开。

我发现

纸花吸水后慢慢开放。

我知道

纸张中有很多植物纤维，纤维之间缝隙很小，形成了无数个小管子。纸张接触水会迅速膨胀，改变了纸的张力和形状，纸花就盛开了，这就是“毛细现象”。

我思考

不同材料做的纸花是不是都能开放呢？

彩虹雨

指导老师：王静

适宜年龄：4—5 岁　推荐实验场所：厨房

韩宇轩

天空中美丽的彩虹大家都非常喜爱。请小朋友们一起来试试在杯子里下一场奇妙的彩虹雨吧！

我需要

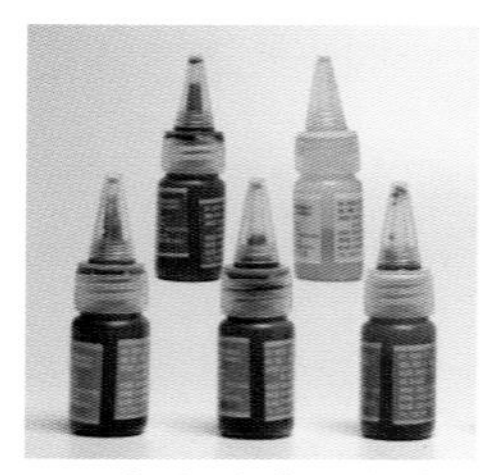

不同颜色的食用色素

玻璃杯、小量杯、清水

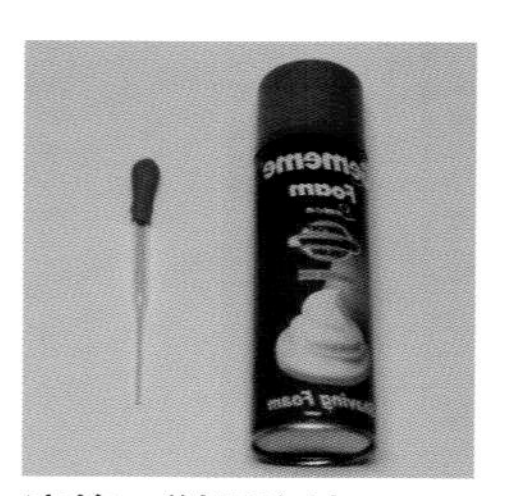

滴管、剃须泡沫

我来做

1. 倒水，滴不同颜色的食用色素，搅拌。

2. 在玻璃杯中加入三分之二清水，用剃须泡沫做出“云朵”。

3. 将稀释后的色素滴在“云朵”上，静置。

我发现

各种颜色的小水珠，慢慢从“云朵”中落下，像是下了一场彩虹雨。

我知道

剃须泡沫由大量小气泡组成，与水不相溶。剃须泡沫的密度小于水，会浮在水面上。色素滴到泡沫上后，迅速穿过泡沫到达水面并在水中扩散，形成“彩虹雨”。

我思考

小朋友们，你们知道为什么油会漂浮在汤的表面吗?

茶杯旧貌换新颜

指导老师：周静

适宜年龄：4—5岁　推荐实验场所：厨房

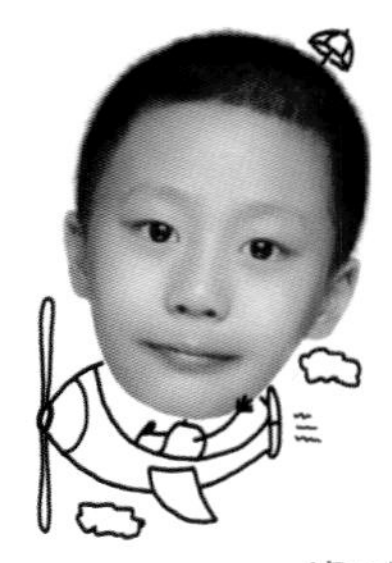

胡昑之

雪白的茶杯里面有黑黑的茶渍，看起来很不卫生哦。别着急，看我用秘密法宝，很快就能将杯子洗得干干净净。

我需要

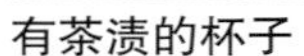

有茶渍的杯子

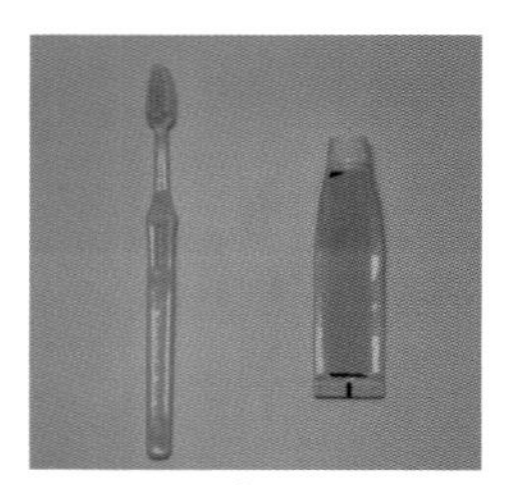

牙刷和牙膏

我来做

1. 用清水洗刷有茶渍的杯子。

2. 给茶杯抹上牙膏。

3. 用牙刷刷一刷。

4. 再次冲洗。

我发现

用清水擦洗茶杯，茶渍很难清除，而使用牙膏涂刷茶渍，茶渍很快就消失在牙膏沫里，再用清水一冲，杯子就彻底干净啦！

我知道

牙膏里面有一些小颗粒，它们是牙膏摩擦剂。用牙膏涂刷杯子，可以将杯子上的茶渍摩擦掉，从而使杯子变得干净！所以牙膏不仅能将牙齿刷白，也可以让杯子变白呢！

我思考

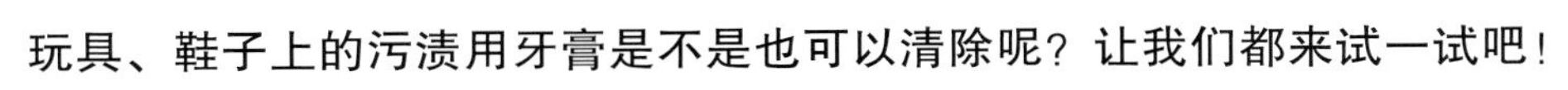

玩具、鞋子上的污渍用牙膏是不是也可以清除呢？让我们都来试一试吧！

气球变大了

指导老师：李蕊

适宜年龄：4—5岁　推荐实验场所：客厅

小朋友们，我们平时会使用吹气或打气的方法让气球变大，而今天我们要用另一种神奇的方法。让我们一起来试试吧！

郭若熙

我需要

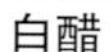

白醋

塑料瓶

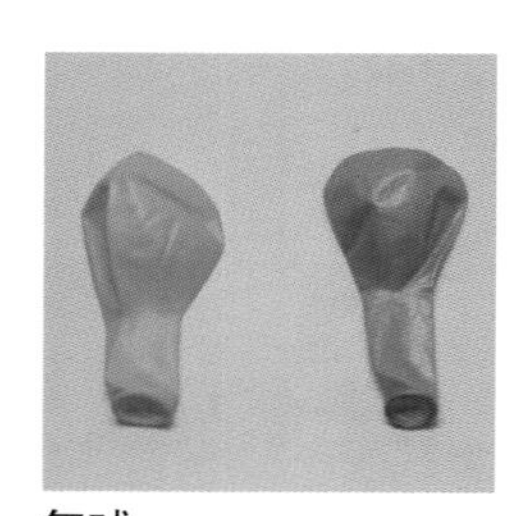

气球

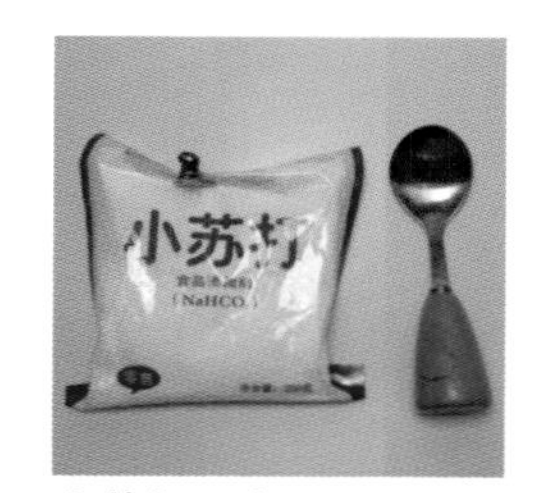

小苏打、勺子

我来做

1.把白醋倒进空瓶。

2.把小苏打倒进气球里。

3.连接气球口与塑料瓶口。

我发现

白醋和小苏打混合在一起，气球变大了。

我知道

白醋和小苏打混合产生醋酸钠和二氧化碳。二氧化碳是一种气体，充入气球，能让气球变大。

我思考

小苏打除了能让气球变大，还能清洗物品哦！小朋友，你知道这是为什么吗?

不再哭泣的瓶子妹妹

指导老师：邹明慧

适宜年龄：4—5岁　推荐实验场所：阳台或浴室

瓶子不小心被扎上了一根刺，好疼，它伤心地哭了，眼泪不停地流出来。小朋友，你有办法帮帮它，让它不哭吗？

席钰洺

我需要

墨水

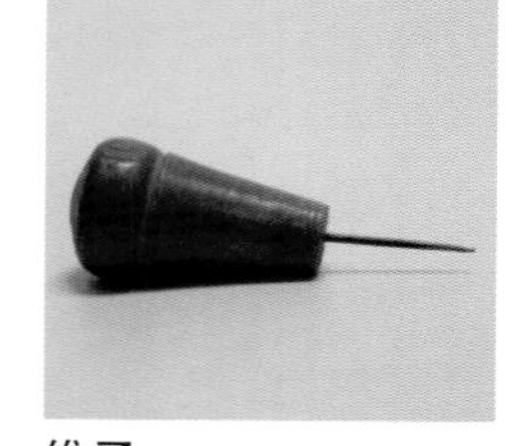

锥子

盆

塑料瓶

我来做

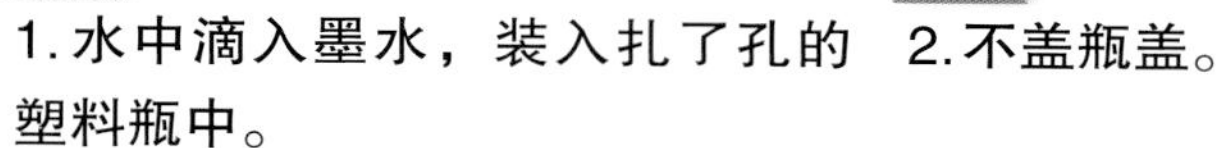

1. 水中滴入墨水，装入扎了孔的塑料瓶中。

2. 不盖瓶盖。

3. 盖紧瓶盖。

我发现

不盖瓶盖的时候，水会从小孔中喷出来；拧紧瓶盖之后，水就不会再从小孔中流出来了；用力挤压瓶身，水又会从小孔中流出来。

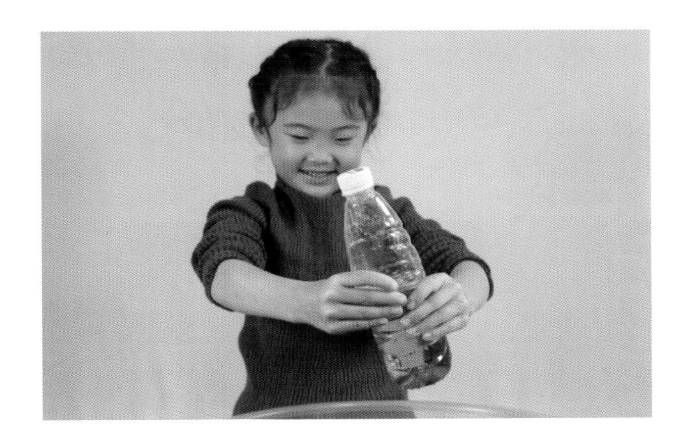

我知道

不盖瓶盖，瓶子里的水受到自身重力作用从小孔喷出来；盖上瓶盖，瓶子外的大气压力堵住了小孔，水就不流了。

我思考

用吸管可以喝到杯子里的饮料，小朋友们，你们知道这是为什么吗？

互不理睬的气球

指导老师：徐沛玉

适宜年龄：4—5岁　推荐实验场所：客厅　（此实验需要在成人的陪同下进行）

两个气球宝宝，天天手拉手在一起玩游戏。可是有一天，两个好朋友谁也不理谁了，到底发生了什么事儿呢？

杨子昕

我需要

干燥的毛绒布

气球两个

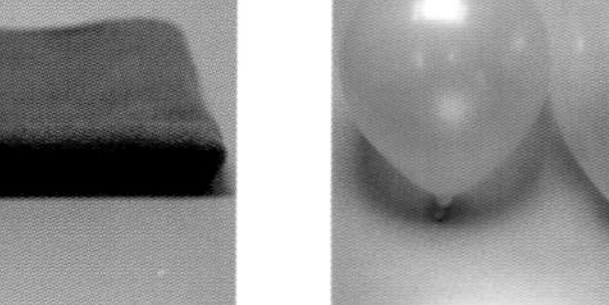

细线

我来做

1. 用细线的两端分别将两个充满气的气球系好。

2. 看清两个气球接触的部分，用毛绒布分别摩擦。

我发现

用手拎起细线，两只气球分开了。

我知道

用毛绒布分别摩擦两个气球，摩擦起电，气球会带上同种电荷，而同种电荷相互排斥，所以当两个气球接近时，它们自然就会分开。

我思考

冬天人们用塑料梳子梳头发，头发会飘起来，这是为什么呢？

倾斜的易拉罐

指导老师：上官金曼

适宜年龄：4—5岁　推荐实验场所：厨房

听说，易拉罐最近学会了一项独门武功，可以“单脚”站立斜而不倒。让我们一起去看看吧！

甘怡钥

我需要

空易拉罐

半杯水

我来做

1. 在空易拉罐中倒入半杯水。

2. 倾斜易拉罐。

我发现

盛有半杯水的易拉罐能倾斜不倒。

我知道

空的易拉罐重心与着力点不在一条竖线上，而装满水的易拉罐重心下移，与着力点在一条竖线上，所以易拉罐斜而不倒。

我思考

你知道不倒翁为什么被推倒后还会自己站起来吗?

碘酒与维生素C的奇妙相遇

指导老师：郑良敏

适宜年龄：4—5岁　推荐实验场所：客厅

赵梓暄

暄暄摔了一跤，妈妈拿出碘酒给暄暄擦拭消毒，暄暄不小心将碘酒洒在了衣服上。“怎么办?”妈妈说：“没关系，我有办法。”妈妈到底有什么神奇的办法呢?

我需要

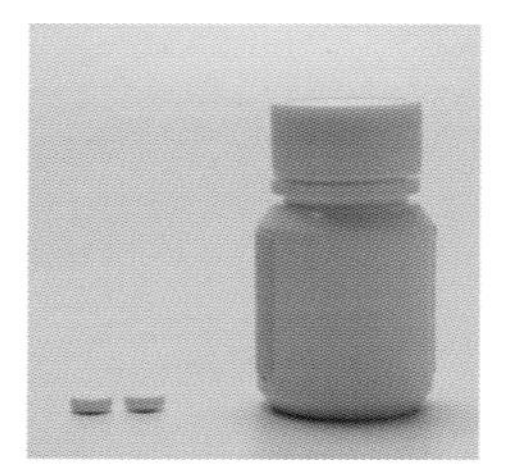
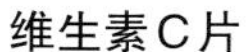

维生素C片

一杯水

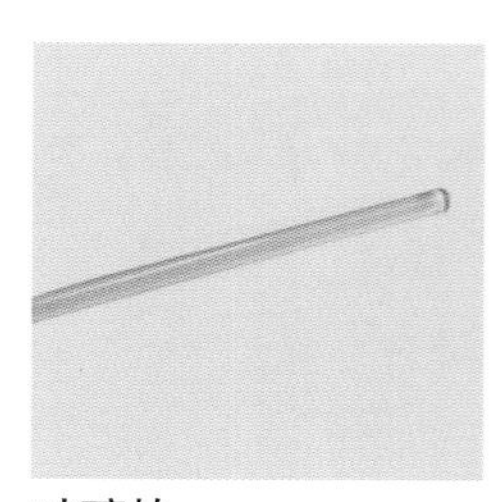

玻璃棒

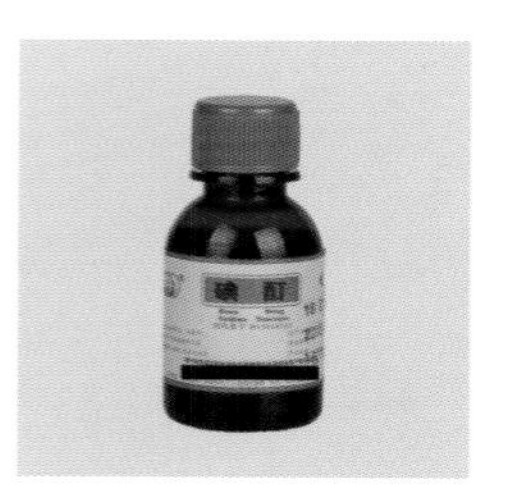

碘酒

我来做

1.将维生素C片放入水中。

2.用玻璃棒搅拌。

3.将维生素C水溶液倒入碘酒中。

我发现

红色的碘酒渐渐褪色。

我知道

碘酒中的碘具有氧化作用，而维生素C有超强的还原本领，把它们放在一起可以发生氧化还原反应，使碘酒褪色。

我思考

小朋友们，想想妈妈还会用什么方法来清洗衣服上的碘酒呢？

飘在空中的乒乓球

指导老师：洪珺

适宜年龄：4—5岁　推荐实验场所：客厅　（此实验需要在成人的陪同下进行）

小朋友们，你们可以让乒乓球飘浮在空中吗？让我们一起来试一试吧！

严之锴

我需要

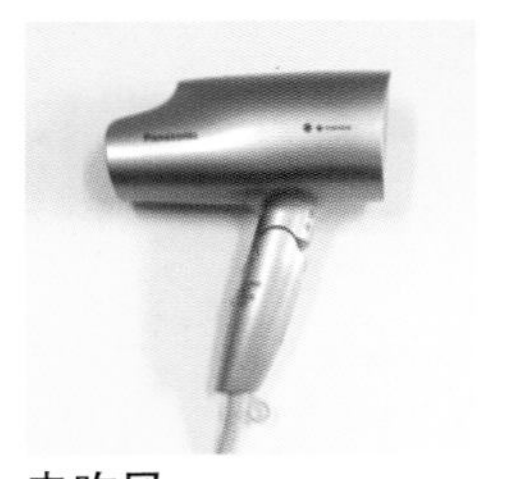

电吹风

乒乓球

我来做

1.开启电吹风冷风挡。

2.将乒乓球放至风口处，风口朝上。

我发现

放在电吹风风口上的乒乓球飘浮起来了。

我知道

地球有引力，乒乓球抛到空中很快就会落下来。但是，乒乓球下落的力与电吹风吹出的风上推的力互相抵消。同时，风力使得乒乓球四周的空气流速加快，因为空气流速加快，使得气压降低，气压低的地方会受到周边气压相对高的地方给的压力，乒乓球会牢牢固定住，不会向四周偏移。因此，乒乓球就停留在空中了。

我思考

你知道气垫船为什么能在水上快速行驶吗?

会飞的塑料袋

指导老师：郑蕊

适宜年龄：4—5岁　推荐实验场所：浴室　（此实验需要在成人的陪同下进行）

韦辰阳

小鸟飞得轻快，蝴蝶飞得优美，小小的塑料袋也想去天空翱翔。小朋友们，我们一起看一看它是怎么飞的吧！

我需要

电吹风

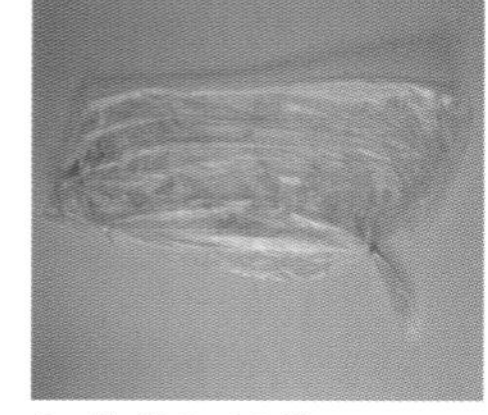
轻薄的塑料袋

我来做

1.分别在塑料袋开口处打两个小结。（预留出电吹风口大小的空隙）

2.将电吹风伸入塑料袋，并打开热风开关。几秒钟后关闭电吹风并取出，扎紧袋口。

我发现

塑料袋飞起来了。

我知道

热气轻，向上升，带动塑料袋也向上飞起来。

我思考

小朋友们，你们知道热气球是怎么飞上天的吗?

跳水大赛

指导老师：欧阳昱

适宜年龄：5—6岁　推荐实验场所：客厅

杨皓轩

炎热的夏天来啦，玩具们准备举办跳水大赛。你们猜猜，谁会取得跳水大赛的冠军呢？

我需要

4只玻璃杯

有机玻璃片

4只塑料玩具

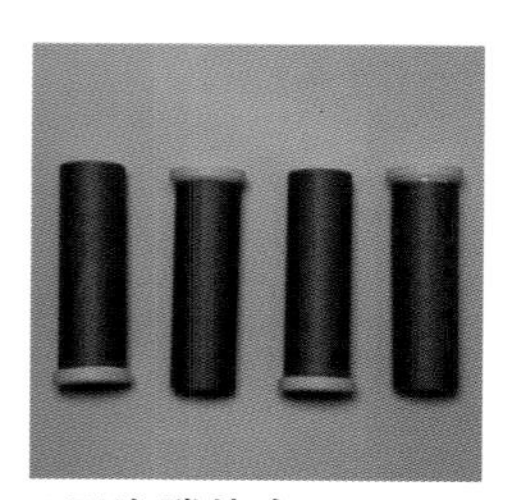

4只泡腾片盒

我来做

1.水杯中倒入清水，玻璃片平放在水杯上。

2.将泡腾片盒放置在玻璃片中央，让塑料玩具站立在泡腾片盒顶上。

3.用手侧击有机玻璃片，将玻璃片打飞。

我发现

当玻璃片被打飞的时候，玻璃上的玩具会掉进水杯里，而泡腾片盒随着玻璃片一起飞了出去。

我知道

当我们迅速地把玻璃片抽走的时候，泡腾片盒子和玩具都具有惯性保持原来的状态，但由于泡腾片盒子比较轻，它会受到玻璃片抽离时的摩擦力而倾倒，而较重的玩具因为惯性则会掉进水里。

我思考

玩过《疯狂的小鸟》吗？小鸟飞出去的时候有惯性帮忙吗？可以做一个弹弓试一试哦！

手动吸尘器

指导老师：夏世瑾

适宜年龄：5—6岁　推荐实验场所：书房

清除桌上的黏土球，我们除了可以使用抹布，还可以自己动手制作一个又方便又简单的“手动吸尘器”，让我们看看它的神奇魔力吧！

费瑞杰

我需要

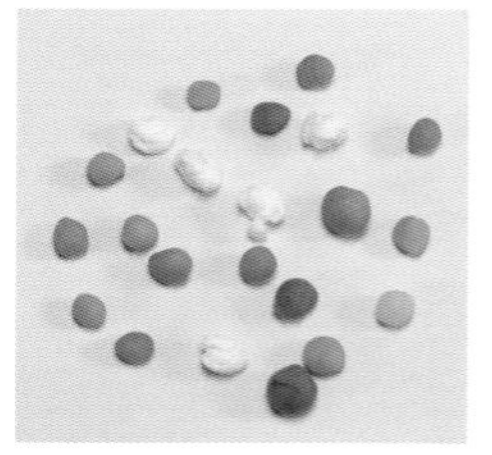

黏土球

一根塑料软管

我来做

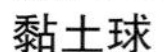

1.手持软管，软管的一头对着桌面上的黏土球。

2.手握软管中部，转动软管。

我发现

软管转动得越快，就越容易吸起黏土球，转得慢，黏土球就无法吸入。

我知道

软管转动时，会将软管内的空气不断地排出，外面的空气就将“垃圾”推进了管内。

我思考

小朋友想一想，我们家里用的吸尘器是通过什么原理来工作的？

镜子蛋糕

指导老师：韩玮

适宜年龄：5—6岁　推荐实验场所：客厅

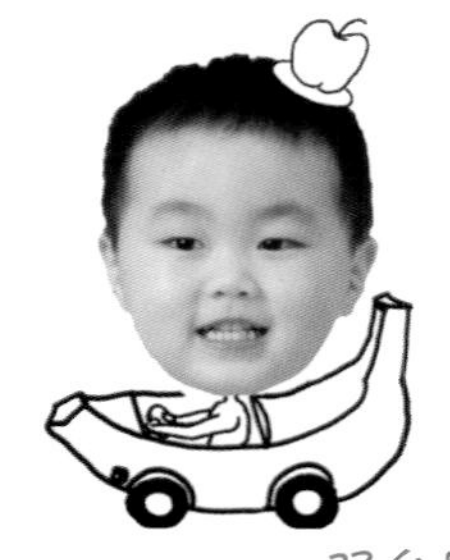

邓允勋

镜子里会展现一个奇妙的世界吗？使用两面镜子，你能从中发现什么有趣的事情呢？

我需要

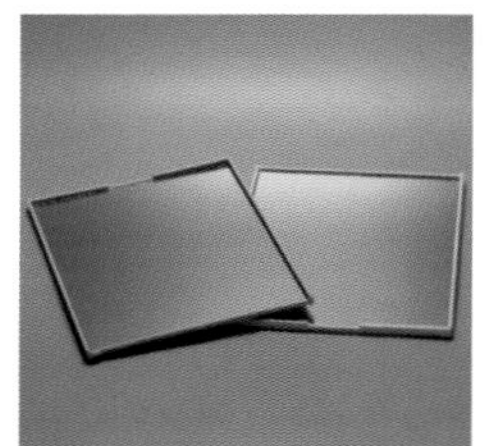

两面方镜

一张纸（扇形蛋糕图案）

我来做

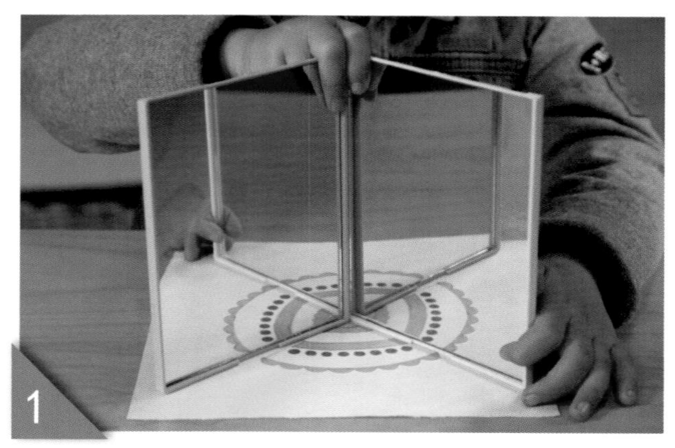

1. 两面镜子靠在一起形成一个夹角，垂直平放于蛋糕纸上。

2. 将镜子的角度变小。

我发现

两面镜子展开的角度越小，蛋糕分成的份数就越多。

我知道

由于两面镜子互相映照，形成光的反射，所以镜子可以把蛋糕分成许多份。

我思考

小朋友们，你们知道万花筒里有几面镜子吗?

有趣的沉浮

指导老师：汪乐怡

适宜年龄：5—6岁　推荐实验场所：客厅

小朋友们，你们喜欢玩水吗？我今天学习了一个和水有关的“魔法”，请你们一起来试一试。

沈瀚文

我需要

不同重量的小方块

一碗水

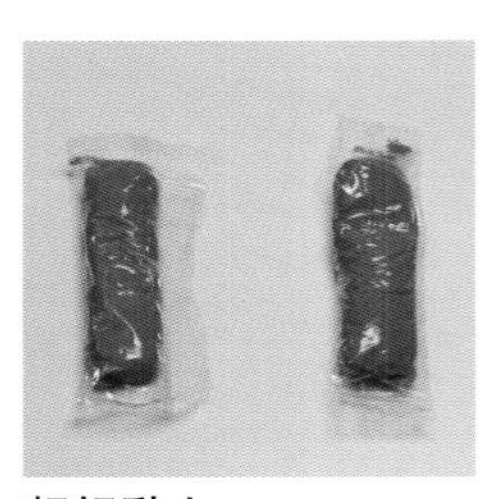
超轻黏土

盐

我来做

实验一：

1.将不同重量的小方块放入水中。

2.加入盐。

3.搅拌。

实验二：

1. 把一块超轻黏土搓成球形。

2. 把另一块超轻黏土捏成“碗”状。

3. 把它们放到水里。

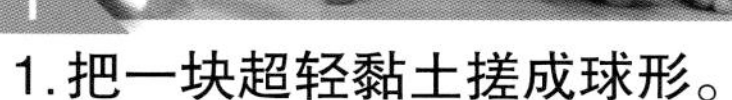

实验一：绿色小方块浮在水面，黄色和橙色小方块沉在水底，在水中放入盐后黄色小方块也浮起来了。

实验二：超轻黏土搓成球形会沉入水底，捏成“碗”状会浮在水面。

实验一

实验二

我知道

在水中放入适量的盐，盐溶于水，盐水密度比水大，原本沉在水里的物体浮上来。另外，改变黏土的形状、体积之后，物体的沉浮也会发生变化。

我思考

小朋友们，海上的邮轮、货船又大又重，为什么没有沉到水底呢？

蔬菜大比武

指导老师：柳琼

适宜年龄：5—6岁　推荐实验场所：厨房

蔬菜乐园的娃娃们想进行一场游泳比赛，看谁可以最先浮上水面。小朋友，让我们一起帮助蔬菜娃娃们吧！

谈一衡

我需要

清水

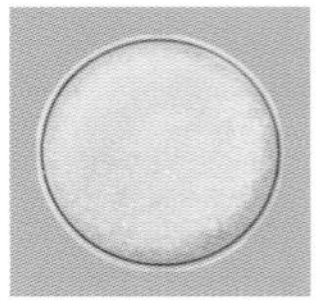
白糖

色拉油

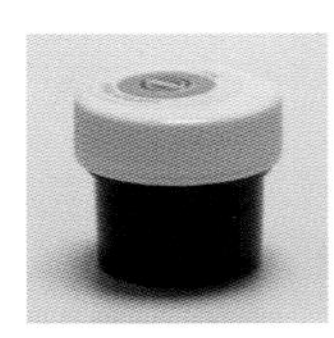
色素

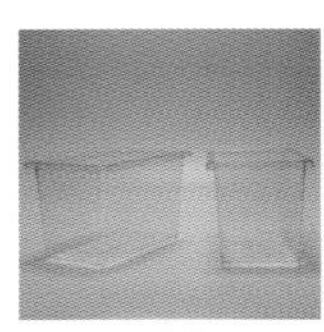
透明水槽

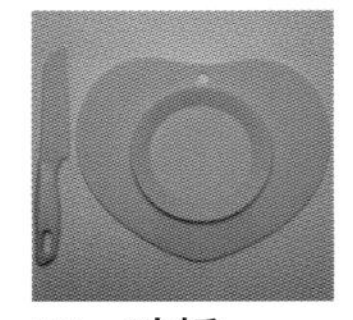
刀、砧板

蔬菜

我来做

1. 倒入清水。

2. 蔬菜切片。

3. 放入水中，观察沉浮变化。

4. 倒入白糖。

5. 倒入加了色素的清水。

6. 倒入色拉油。

我发现

在清水里面加入白糖、色拉油后，容器中液体分成了三层，糖水在最下面、清水在中间、色拉油在最上面。四种蔬菜放入水中，茄子浮在最上层、黄瓜第二层、胡萝卜第三层，土豆沉在最下面。

我知道

清水、白糖水、色拉油的密度不同，会存在分层现象；不同蔬菜片的密度也不同，放入其中也会出现分层的现象。

我思考

在生活中，我们发现有些饮料也有分层现象，你们知道这是怎么做出来的吗?

我是小小消防员

指导老师：曹开国

适宜年龄：5—6岁　推荐实验场所：客厅　（此实验需要在成人的陪同下进行）

马梓涵

我不用水淋，不用嘴巴吹，也可以像消防员叔叔一样将火苗熄灭。小朋友，你相信吗？

我需要

杯子

小苏打

白醋

蜡烛、打火机

纸片

我来做

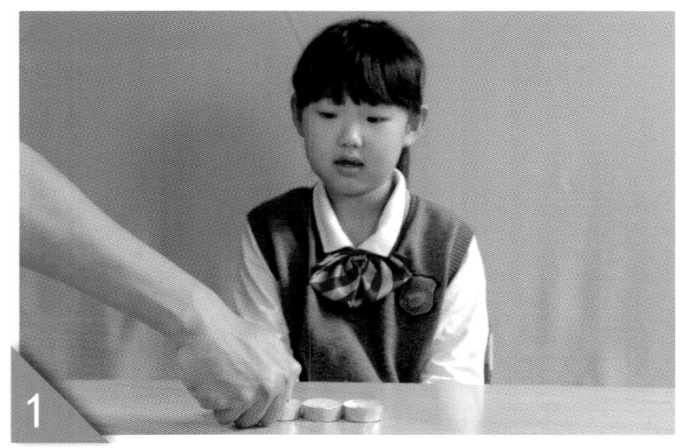
1.请爸爸妈妈帮忙点燃蜡烛。

2.倒小苏打。

3. 倒白醋盖过小苏打。

4. 用纸片盖住杯口，等待白醋和小苏打反应产生的气泡消失后，移开纸片。

我发现

将杯子缓缓倾斜，杯口对准火焰，点燃的蜡烛突然熄灭了。

我知道

白醋和小苏打混合在一起产生了二氧化碳气体，二氧化碳是可以灭火的。

我思考

小朋友你知道为什么二氧化碳可以像水一样被慢慢倒出来吗？

“英雄”归来

指导老师：周莹

适宜年龄：5—6岁　推荐实验场所：客厅

不好啦，不好啦……城市被冰冻巫师入侵啦，连蝙蝠侠、钢铁侠、绿巨人都被冻住了。小朋友们，让我们开动脑筋，把他们解救出来！

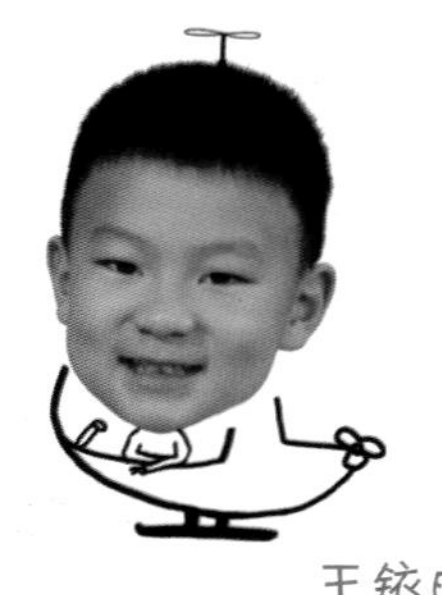
王铱旸

我需要

透明杯子3个

盐

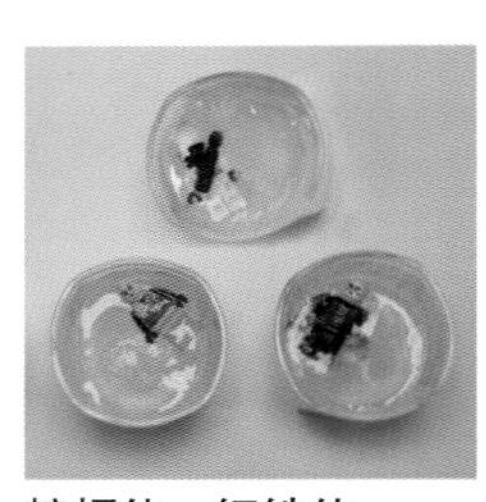
蝙蝠侠、钢铁侠、绿巨人玩具

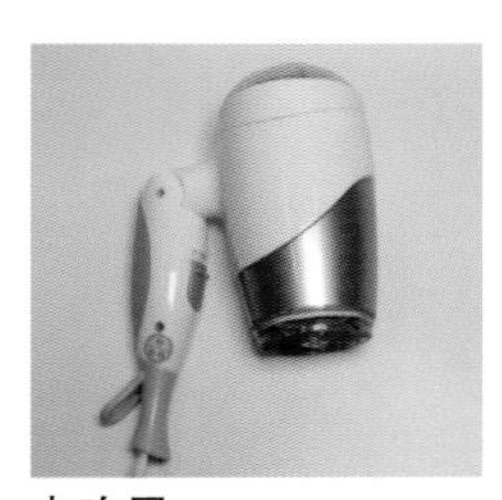
电吹风

热水

我来做

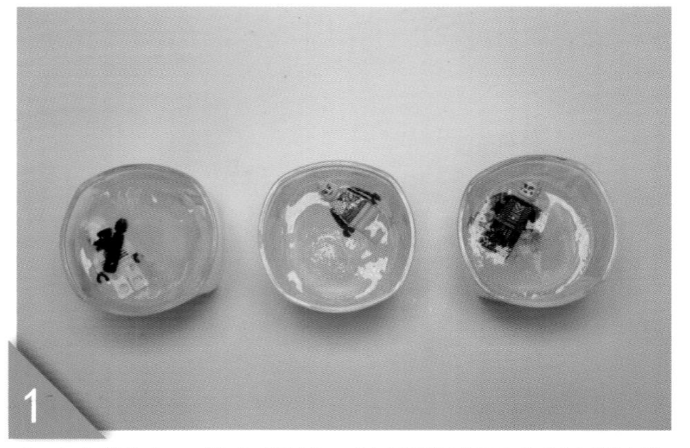
1.水杯倒水，放入玩具，冰箱冷冻两小时后取出。

2.一个杯子中加盐。

3.一个杯子中加热水。

4.一个杯子中吹热风。

我发现

盐、热水、热风都能融化冰块，用热水冰融化的速度最快，用盐和热风冰融化的速度较慢。

我知道

冰的融化与温度有关，温度越高冰融化得越快，所以倒热水的方法能最快解救“英雄”。

我思考

在生活中，清扫结冰的路面，我们通常会选用撒盐的方法，小朋友们，你们知道这是为什么吗?

硬币稳站纸币边缘

指导老师：程炜

适宜年龄：5—6岁　推荐实验场所：客厅

小硬币想要在站立的纸币上玩杂技，它能挑战成功吗？一起来试试吧！

陈妍璁

我需要

1枚硬币和一张纸币（道具）

我来做

1.将纸币短边对折。

2.立在桌面上。

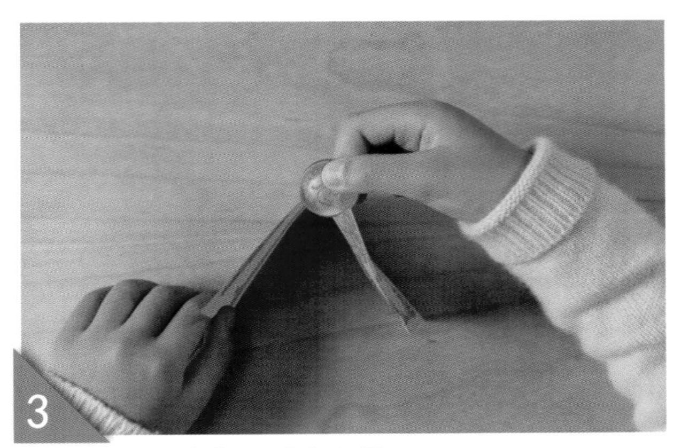

3.把硬币平放在纸币中心处。

4.双手轻拉纸币两边。

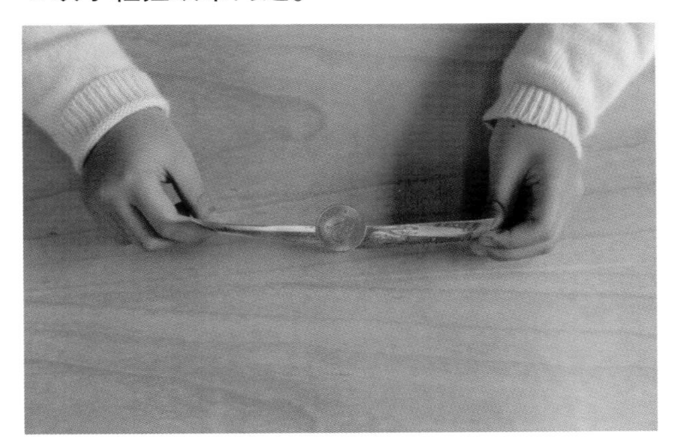

我发现

纸币对折后，硬币会稳稳地站在纸币上。

我知道

当纸币慢慢拉开时，硬币的重心在移动，纸币拉直的时候和硬币重心重合，所以硬币能够稳稳地站在纸币边缘。

我思考

杂技演员走钢丝时，需要平举双手或是横握一根长杆，你们知道是为什么吗？

杯子大力士

指导老师：司敏

适宜年龄：5—6岁　推荐实验场所：客厅　（此实验需要在成人的陪同下进行）

杯子除了可以喝水，还可以成为大力士，让我们一起来试试吧。

葛笑冉

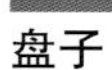

我需要

盘子

餐巾纸

杯子

水

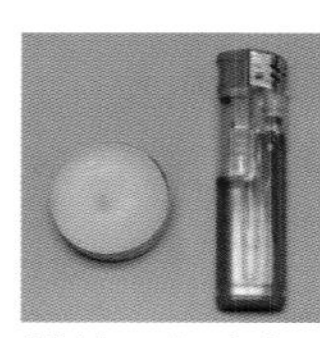

蜡烛、打火机

玩具

我来做

1. 用水浸湿纸巾。

2. 将蜡烛放在纸巾上，点燃蜡烛。

3. 将玻璃杯盖在蜡烛上，压紧。

我发现

杯子盖上后，蜡烛的火苗慢慢地熄灭了。蜡烛熄灭后，用手拿杯子可以把托盘提起来。

我知道

蜡烛燃烧需要氧气，杯子里空气中的氧气燃尽后，密闭的杯子里形成了负压，托盘就被吸起来啦！

我思考

小朋友们生病了，嗓子里有痰，医生叔叔用仪器一吸就出来了。你们知道是什么原理吗?

红酒变多了

指导老师：徐娟

适宜年龄：5—6岁　推荐实验场所：客厅

清水也能变红酒，是怎么做到的？让我们一起来看看吧！

郑子涵

我需要

红酒

玻璃杯

水壶

扑克牌一张

我来做

1.玻璃杯里倒满红酒。

2.另一只玻璃杯里倒满清水。

3.将扑克牌轻轻盖住装满清水的杯口。

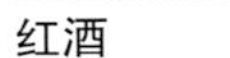

4.用手压住固定后，上下反转，移至装满红酒的玻璃杯上。

5.将中间的扑克牌缓缓抽出一点缝隙。

我发现

红酒慢慢地上升了，与水融合在一起。

我知道

因为水的密度比红酒大，水往下沉，红酒上移，分子间相互运动，形成酒水交融的现象。

我思考

如果不是红酒呢？换成果汁也可以吗？

大力纸桥

指导老师：张璐

适宜年龄：5—6岁　推荐实验场所：客厅

用纸搭建不同的桥面，哪种桥面拥有更大的支撑力量？让我们一起动手去试一试吧。

刘艺凝

我需要

3张纸

2个纸杯

若干块积木

我来做

1.取2个纸杯作为桥墩。

2.用平铺的纸做桥面，放置积木。

3.用对折的纸做桥面，放置积木。

4.用折叠成波纹状的纸做桥面，放置积木。

我发现

第一座桥1块积木都不能承载，第二座桥只能承载1—2块积木，第三座桥能承载多块积木。

我知道

承载积木最多的是波纹状的纸桥，因为纸折叠后，积木的压力分散到多个褶皱处，因此比平面的纸更能承载重物。

我思考

我们的日常生活中常用的纸箱，剪开后能够观察到它的内层与“折叠纸桥”相似，小朋友们，你们知道这是为什么吗?

针宝漂流记

指导老师：刘倩雯

适宜年龄：5—6岁　推荐实验场所：客厅

针宝宝的梦想是去大海里漂流，可是它不会游泳，一跳入水里就沉了下去，这可怎么办呢？在好朋友面巾纸的帮助下，奇迹发生了……

杨彦熹

我需要

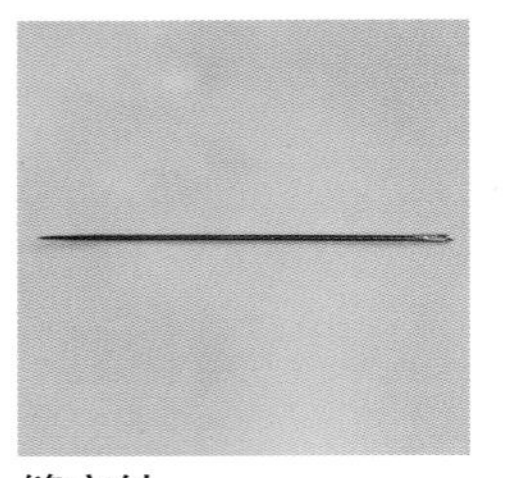

缝衣针

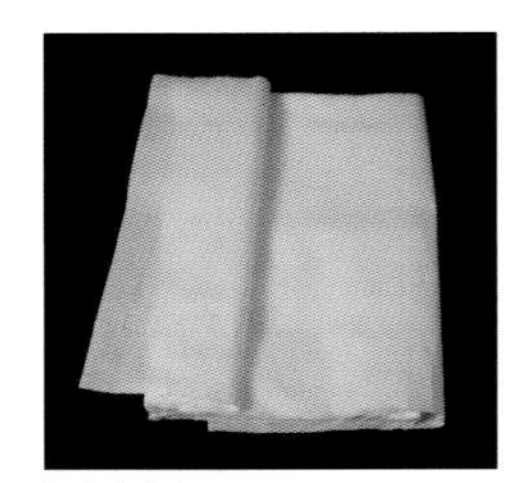

一碗水

面巾纸

我来做

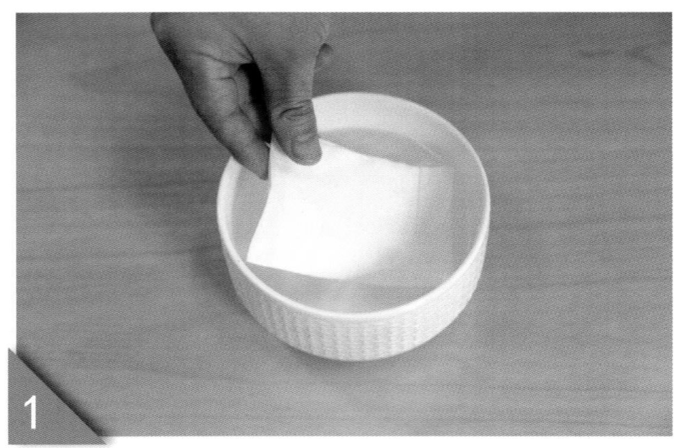

1.将面巾纸轻轻放在水面。

2.将针放在面巾纸上。

我发现

面巾纸沉下去后，针浮在了水面上。

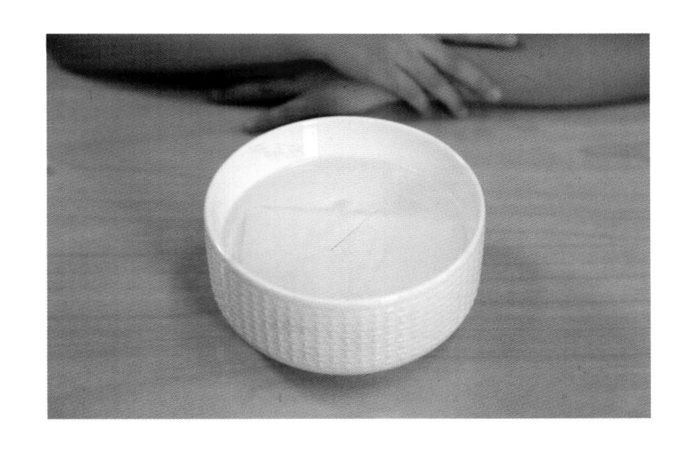

我知道

面巾纸会吸水，吸了足够的水就会沉下去。针不会吸水，水的表面有表面张力，针就浮在水面上了。一般来说，直接徒手让针漂浮在水面上是有难度的，因为角度不容易掌握，容易出现倾斜，针头锋利，容易破坏水的表面张力，十分容易下沉。

我思考

除了面巾纸，还有谁能帮助针宝去漂流呢？小朋友们，动手试一试吧！

小纸条爱跳舞

指导老师：来梦茹

适宜年龄：5—6岁　推荐实验场所：客厅　（此实验需要在成人的陪同下进行）

小纸条转呀转，有时快，有时慢。原来，小纸条也是舞蹈家，小朋友们，让我们一起来试试吧！

季彦希

我需要

打火机、蜡烛

签字笔、便签纸

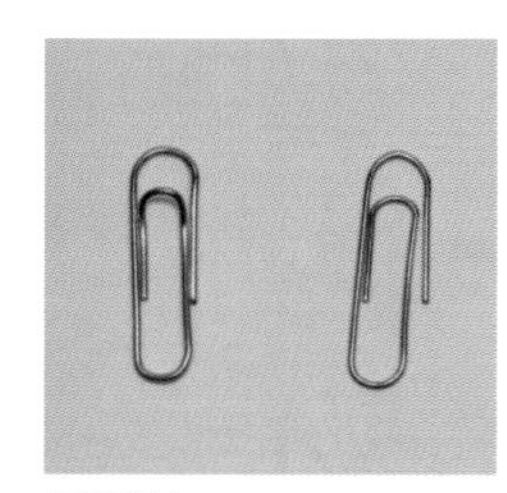

回形针

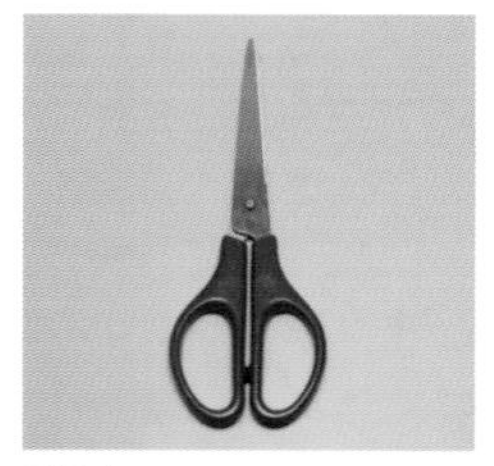

剪刀

我来做

1.在便签纸上画出螺旋线。

2.沿线条剪开呈螺旋状。

3.将笔芯固定在蜡烛上。

4.将螺旋纸固定在笔尖上。

5.点燃蜡烛。

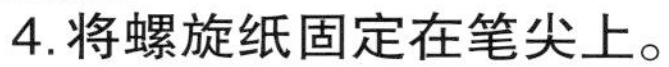

我发现

笔尖上的螺旋纸条会自动旋转。

我知道

蜡烛加热空气，空气受热后迅速向四周扩散，热空气密度小，上升形成对流，推动纸条旋转。只要火苗不会点燃纸条，火苗越大，纸条的旋转速度越快。

我思考

请仔细观察，蜡烛的火苗总是不停地抖动、跳跃，想一想这是为什么。

隔空控物

指导老师：杜�

适宜年龄：5—6岁　推荐实验场所：客厅

关在杯子里的牙签希望自己也能像指南针一样转来转去，你能帮助它吗？

佟玮泽

我需要

一次性透明杯

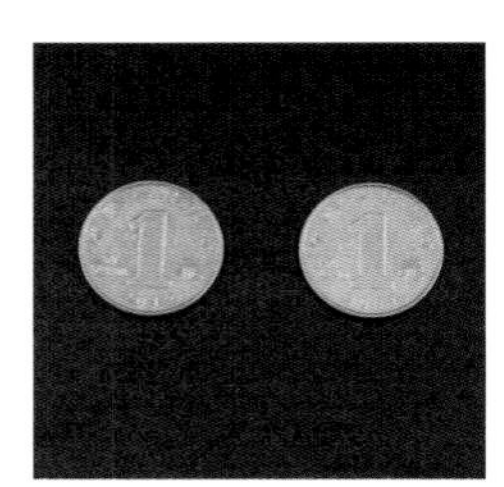
硬币

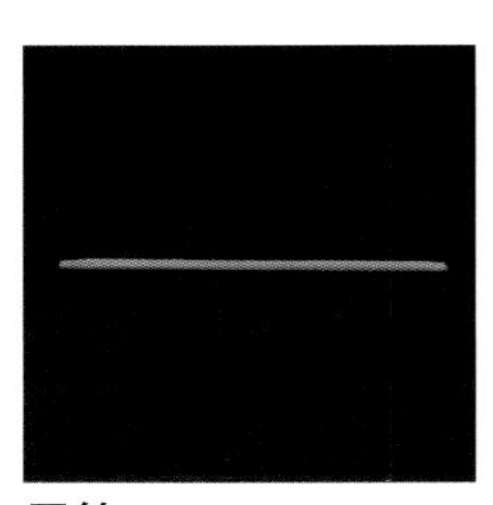
牙签

毛巾

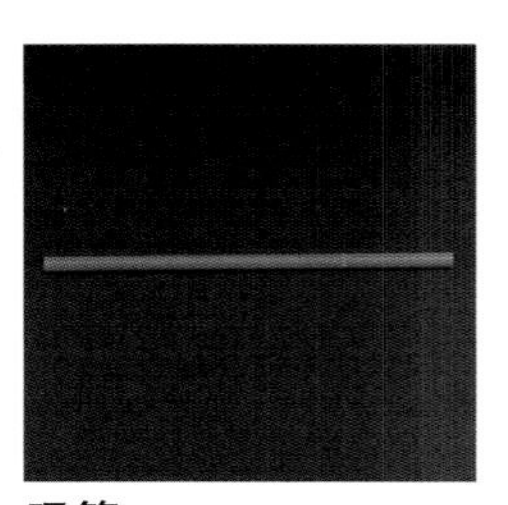
吸管

我来做

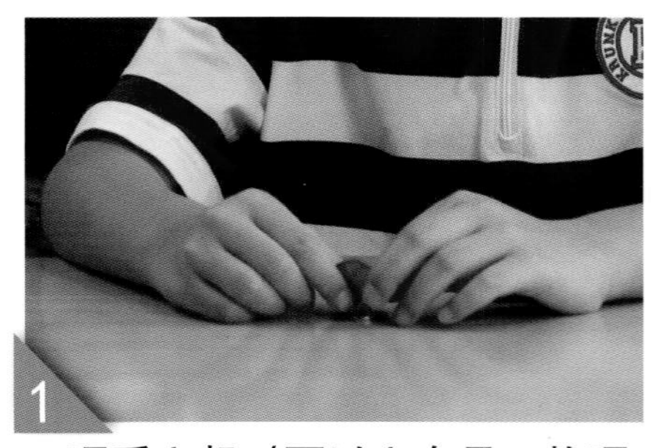
1. 硬币立起（可以立在另一枚硬币上，也可以立在桌子上）。

2. 在硬币上平放一根牙签。

3. 盖上一次性透明杯子，用毛巾反复擦拭吸管。

我发现

将擦拭过的吸管靠近牙签，牙签转动起来了！

我知道

毛巾和吸管摩擦会产生静电，静电吸引小牙签运动。

我思考

干燥的天气用塑料梳子梳头发，头发会竖起来，还会发出“啪啪”的声音。小朋友们，你们知道这是为什么吗？

秘密情报

指导老师：汤韩媛

适宜年龄：5—6岁　推荐实验场所：客厅　（此实验需要在成人的陪同下进行）

你可以给爸爸妈妈写一封爱的密信吗？

向恩骏

我需要

蜡烛

一小杯白醋

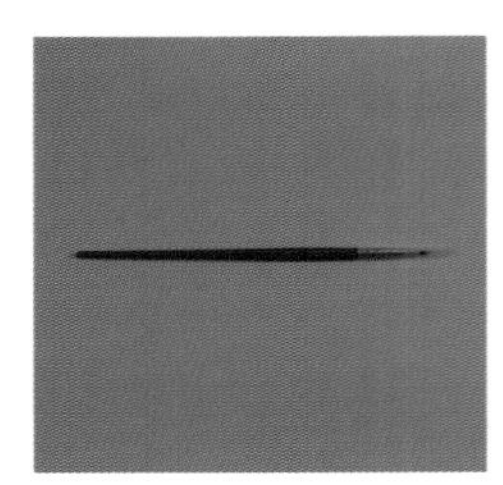

笔

纸

我来做

1.用笔沾白醋，在纸上写出秘密内容。

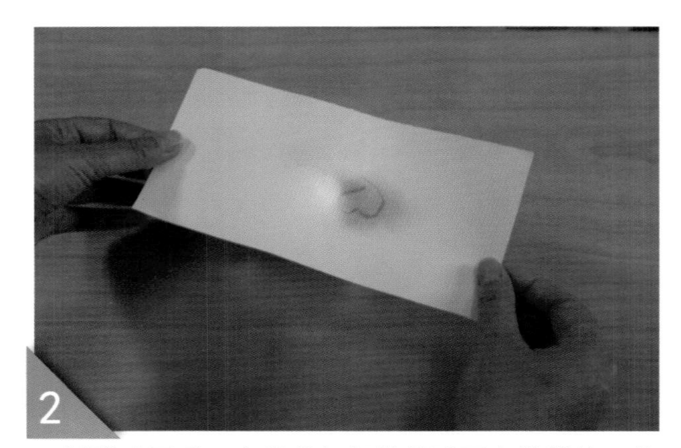

2.纸张晾干后，在爸爸妈妈的帮助下点燃蜡烛，将纸放在火上烤。（必须在成人陪同下进行实验）

我发现

经过烘烤，纸上出现了秘密内容。

我知道

醋将纸纤维腐蚀断了，用醋写字的地方纸张变薄，因此在高温烘烤的时候，这些地方的纸就更容易焦黄，秘信的内容就能清晰显示出来啦。

我思考

在战争年代，游击队队员会用很多方式传递情报，你知道还有什么好办法吗?

制作小喷泉

指导老师：韦玉婷

适宜年龄：5—6岁　推荐实验场所：客厅

严康硕

看，喷泉在阳光的照射下像彩虹一样美丽。小朋友们，让我们开动脑筋，动手制作自己的喷泉吧！

我需要

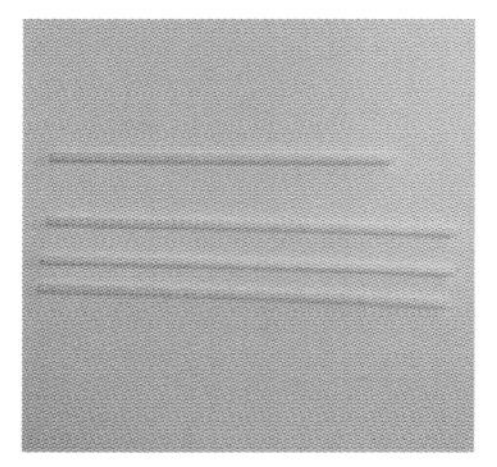

三根长吸管
一根短吸管

一块橡皮泥

一杯水

我来做

1. 三根长管子放入瓶里，插入水中。

2. 用橡皮泥固定住三根管子，密封瓶口。

3. 再将一根短管子放入瓶里，离水面约三厘米。

我发现

向短管吹气，水从三根长管里喷出来啦！

我知道

瓶子被橡皮泥密封住了，向瓶中吹空气，空气进入瓶中，就会把水从长管中挤出，形成了喷泉。

我思考

小朋友们想一想，我们的玩具水枪为什么可以喷水呢？

磁铁风扇

指导老师：周莉莉

适宜年龄：5—6岁　推荐实验场所：客厅

夏天到了，天气真热，让我们一起在家里自制风扇，赶走炎热吧！

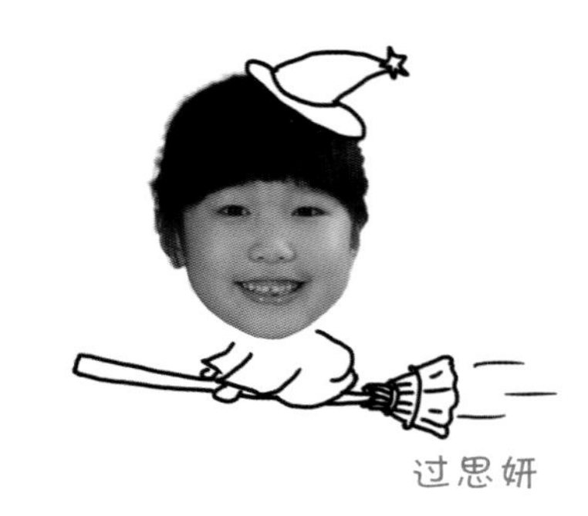

过思妍

我需要

两节五号电池

圆形磁铁一块

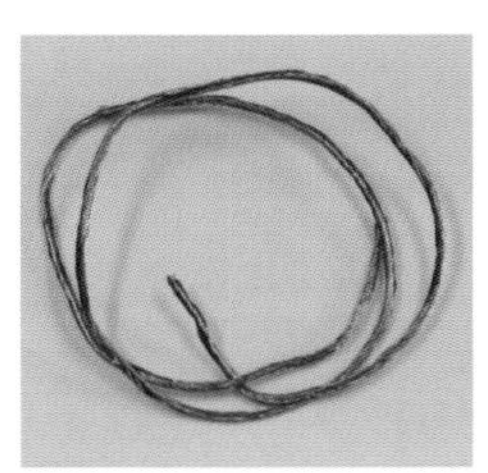

铜线一根

风扇扇页一组（带磁铁的）

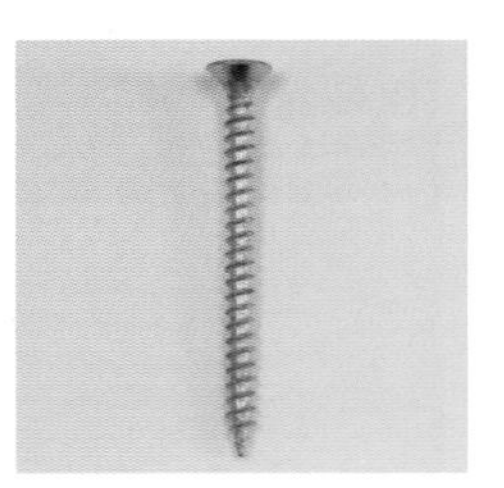

螺丝钉一个

我来做

1.电池的负极和磁铁连接，螺丝钉再与磁铁连接。

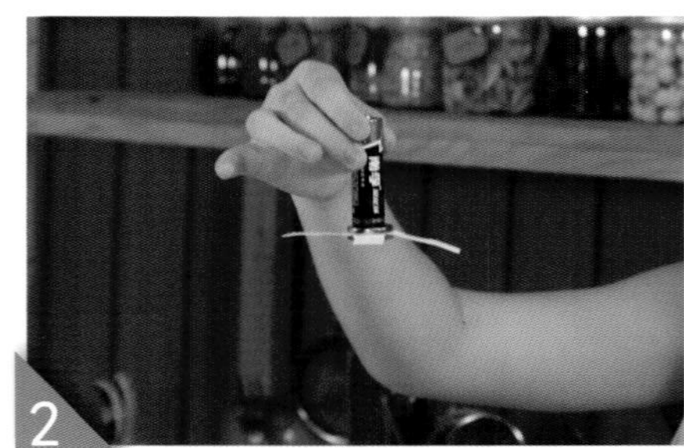

2.另一节电池的负极与磁铁风扇连接。

3.将螺丝钉与风扇上电池的正极连接，让风扇扇叶自然朝下。

我发现

用铜丝连接电池的正极与风扇上的磁铁，完成通电，电扇转动。

我知道

磁铁有正负极，当电流通过铜线的时候会产生磁场，利用电流与磁场的相互作用，风扇就能够转动起来。

我思考

小朋友们，请你们想一想磁悬浮列车为什么能高速行驶呢？